カメユ

亀に無視され続けています

#はじめに

ご挨拶

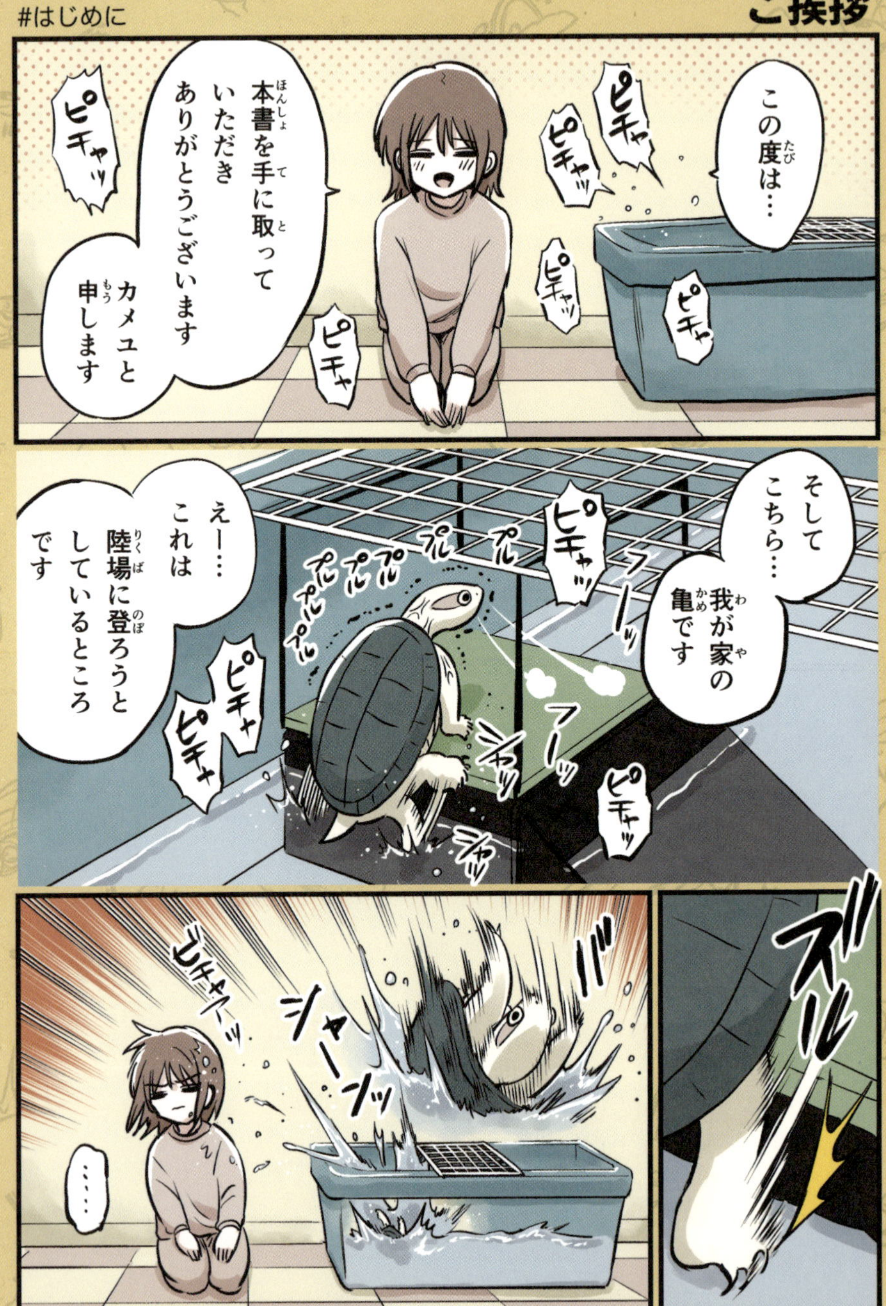
この度は…
ピチャ
ピチャッ
本書を手に取っていただきありがとうございます
カメユと申します
ピチャ
ピチャッ
ピチャ
ピチャッ
そしてこちら…
我が家の亀です
ピチャッ
プル プル
プルプルプル
フーッ
フーッ
えー…これは陸場に登ろうとしているところです
ピチャピチャ
シャッ
ピチャッ
シャッ
ズル
ピチャアーッ
ドバ
シャーンッ
……

…このように亀は一般的なイメージ通りゆったりしているだけではなく
スタッ
フキフキ
ドャ
意外とアグレッシブな一面もある面白い生き物です

そんな亀との日々を4コマで描き続けて約1年
まとめて本にして頂けることとなりました

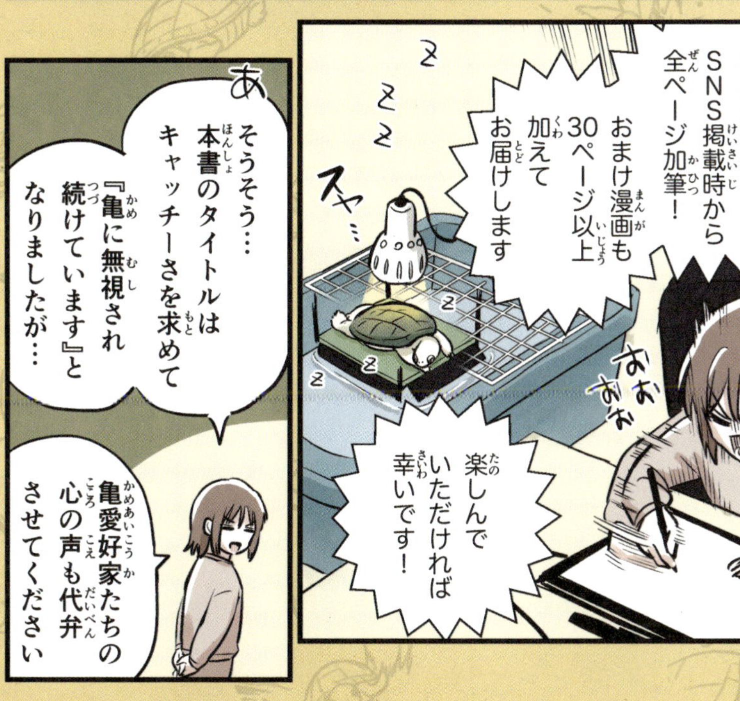
なんとSNS掲載時から全ページ加筆！
おまけ漫画も30ページ以上加えてお届けします
うおおおお
おおおお
スヤ…
楽しんでいただければ幸いです！
あ
そうそう…本書のタイトルはキャッチーさを求めて『亀に無視され続けています』となりましたが…
亀愛好家たちの心の声も代弁させてください

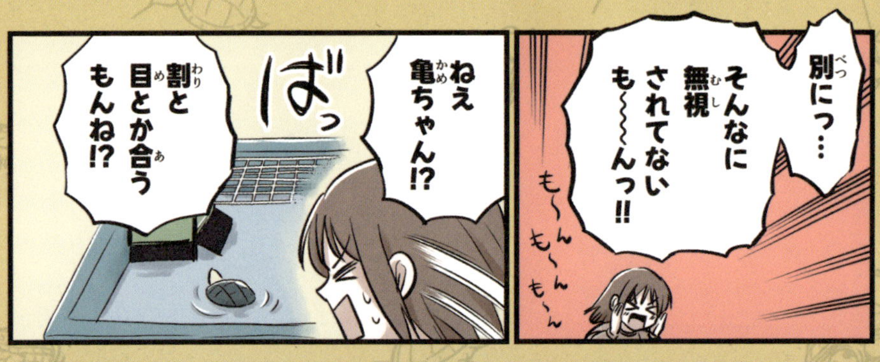

もくじ

亀飼い4コマ

登場人物紹介

亀

ミシシッピアカミミガメのオス。
子亀の頃から、19年くらい飼われている。

カメユの友達
亀飼いではない。カメユの亀愛を一歩引いて見ている。

カメユ
亀飼い。亀との日常を4コマ漫画にしている。

#1 亀

#2　あったかライトが好き

#3 ライトを消す時

亀さん…あの
寝てるところ
すみません…
もう夜なんで
ライト消して
いいですかね…
(なぜか敬語)

パチッ

消された
ことに
気づいた

ヌ…
すっごい
見てくる…

#4　亀に表情はある？

#5

来る亀

こっちに気づくと
寄ってきて
かわいいんだよ
へぇー

ヌ…
お…?
気づいた

おっ…
マジで
来てるっ!
ガコッ
ガコッ…
ゆっくりだけど
頑張ってる

スィ〜
来た!
どう?
かわいい
でしょ
……!

続

＃6

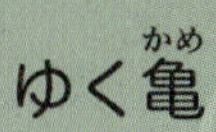
ゆく亀

ど…
どうすんの
ここから!?
なでたり!?
え？
どうも
しない
え!?

お互いに
見つめ合う以上の
する事がないし…

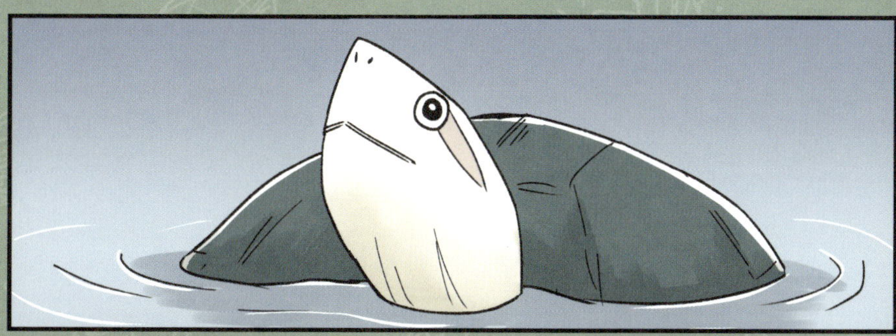

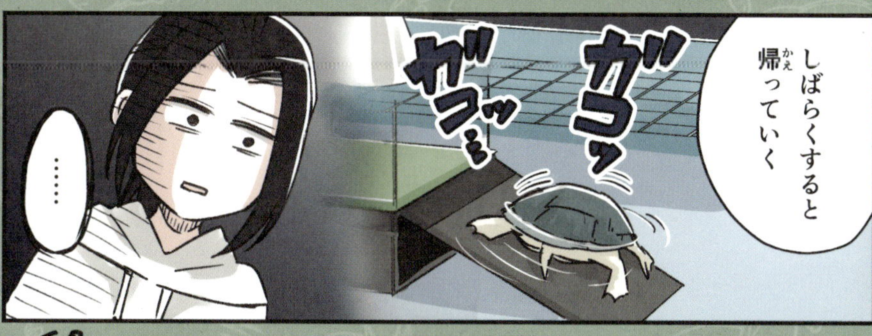
しばらくすると
帰っていく
ガコッ
ガコッ
……

終

#7 お気に入りの場所

あ
入っていった
スイ～
あの箱？
何？

シェルターだよ
一応隠れ家を
置いておこうと思って
結構
気に入ってる
みたい
ヌ…
へー！
こういうの
どこで買って
くんの？

100均
だよ
100均で
亀グッズ
売ってんの？
……
いやまぁ
亀グッズ
というか

ゴミ箱…
☆お気に入り

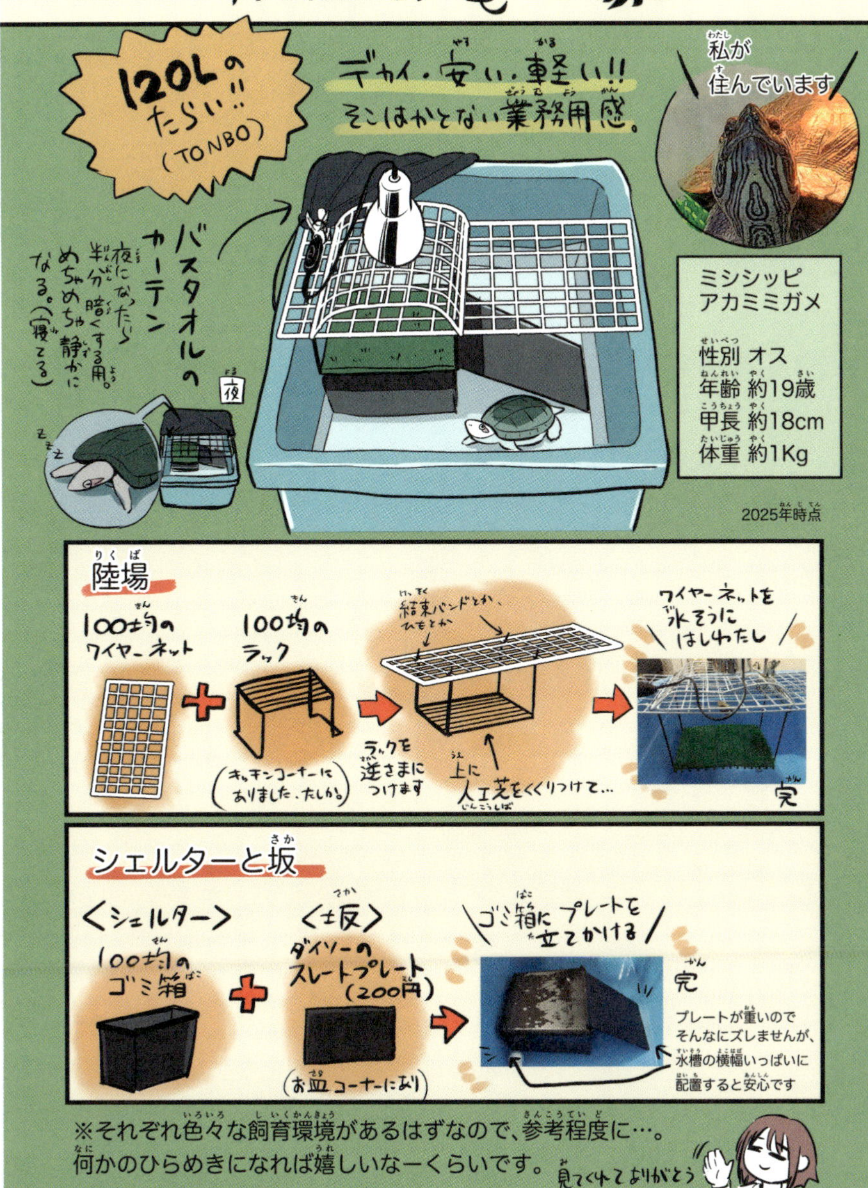
カメユの亀の家
120Lのたらい!!（TONBO）
デカイ・安い・軽い!!
そこはかとない業務用感。
私が住んでいます
バスタオルのカーテン
夜になったら半分暗くする用。
めちゃめちゃ静かになる。（寝てる）
夜
ミシシッピアカミミガメ
性別 オス
年齢 約19歳
甲長 約18cm
体重 約1Kg
2025年時点
陸場
100均のワイヤーネット
100均のラック
（キッチンコーナーにありました、たしか。）
ラックを逆さまにつけます
結束バンドとか、ひもとか
上に人工芝をくくりつけて…
ワイヤーネットを水そうにはしわたし
完
シェルターと坂
<シェルター>
100均のゴミ箱
<坂>
ダイソーのスレートプレート（200円）
（お皿コーナーにあり）
ゴミ箱にプレートを立てかける
完
プレートが重いのでそんなにズレませんが、水槽の横幅いっぱいに配置すると安心です
※それぞれ色々な飼育環境があるはずなので、参考程度に…。
何かのひらめきになれば嬉しいなーくらいです。
見てくれてありがとう

#描き下ろしショート漫画

成長を感じる部分

子亀の時は「無風」だったけど

ある時風が出てることに気づいた
ブォッ
涼しい
冷風なんだ…

あとは水に入る音とか
チャプン

ドボォーン
飛沫もすごいな

ひっくり返った時も子亀の頃は軽快に起きてたんだけど…
ぐっ
パタ

今は…
ぐっ…

ぐぐぐ…
ぐぐぐ

1kg
ドバァン
すげぇ うるせぇ

鼻息の音とかもそうだけど
スーーッ
昔は聞こえなかった音が聞こえると成長を感じるかな
なんか意外だったな
そう?
あっでも単純に大きさで成長を感じるのもあるよ!
へー どんな部分?

ウンコ
サァァ…
聞かなきゃよかった

#8

聴いてください

ポロン♪
それでは聴いてください…
ウクレレの弾き語りにハマっている飼い主

「I LOVE YOU」（尾崎豊）
ポロン…

アイ
う〜…

スイ〜
ちょ…帰んないで

#9

亀と父

この亀さんどのくらい飼ってんの?
19年
割と長い…
(2025年時点)

実は実家にもう一匹いて
そっちは父親が世話してんだけど
父

父親はそろそろ70歳になるから最近の口ぐせがね…
?
はー…

ヒック
亀が先か…俺が先か…
な…長生きして…!!

#10 吸い

#11 亀とひっくり返り

亀さんってひっくり返んないの?
めっちゃひっくり返るよ
めっちゃ!?

亀はね山があれば登る生き物なんだよ
急に登山家みたいな…
そして己の形状を理解せずひっくり返るまでがセット
なんなん…

うちの亀はひっくり返るとね…
ゴロンッ
…

…
すっごい見てくるよ
自分で起きないんかい

#12

顔の写真

#13 本気の逃げ

風呂上がりにバスタオルを頭に巻きがち
ふ〜〜…
この日は頭のタオルがいつもより大きかった…

あ亀のライト消さなきゃ
ヌ…

…
ヌゥ…

ジャッ
ババババ
えっ!?
はぇえええ!!
※水槽の端で進めてない

#14

大興奮

今日は亀さんの大好きなエビをあげちゃうぞ
ガサ
!

どーぞ
パラ
パラ
バシャ
大興奮ですね～
バシャ

バシャ
バシャ
バシャ
バシャ

バシャ
バシャ
バシャ
バシャ
フーッ
フーッ
気づいて…

#15

100均と水槽グッズ

亀(かめ)とのツーショット 失敗集(しっぱいしゅう)

パシャッ

①ピントが合(あ)わない

②またピントが合(あ)わない

③亀(かめ)がどこかへ

④まさかの攻撃(こうげき)

亀の名は

そういえば亀の名前なんていうの?
あー…
小学生の時に友達がつけてくれた名前があるけど…
……
……

なんで言わないんだよ!!
い…言っていいのか分かんなくて
!?
なんかギリギリな気がして…
どういう事!?
逆に気になるじゃん! 言ってよ!!
……

「亀梨」と「和也」…
確かにギリギリかもしれない…

ちなみにうちにいる方が「亀梨」
実家の方が「和也」
なんでそんな名前つけたんだよ…

その友達が好きで……
亀といえば亀梨くんでしょ名前にしていいっ?
いいよ

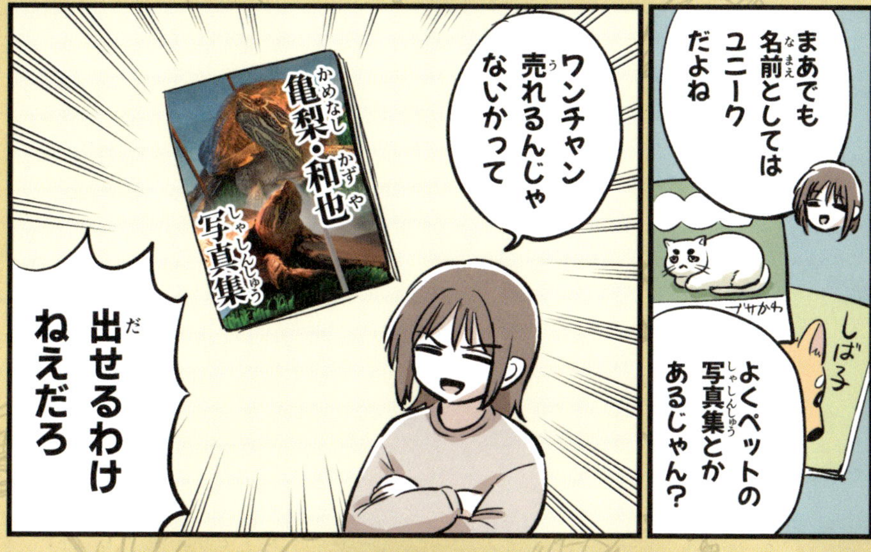
まあでも名前としてはユニークだよね
ブサかわ
しばろ子
よくペットの写真集とかあるじゃん?
ワンチャン売れるんじゃないかって
亀梨・和也写真集
出せるわけねえだろ

…「亀梨」っていうのかこいつ…
呼んだら来るの?

亀梨!おいで〜!!

スイ〜
えっ!?
来た!!

亀ちゃん!!
いつも呼んでる→
スッ
スイ〜
あっ
これでも
来るんだ…

何も言わず登場
スッ
……
スイ〜
来るん
かい

結構
人を見ると
寄って
くるよね
日にもよるけど
亀梨!!
かめなし
〜っ!!
全然
来ないん
だけど
…興味
無くすのも
早いから…

#16 水換え後

#17-1 亀のなぐさめ

はぁ…
お気に入りのマグカップ割っちゃった…
ぐす…
あら…

亀ちゃんなぐさめて…
…
いやムリだろ…

!!
この予備動作は…!!
グゲ…
えっ!?何!?何!?

#17-2

グアアアア
ア
あくびだ～～!!

あく…
うわ～目の前で見ちゃった
結構レアだよ!?
しかもかなり豪快なやつだったな～
今日はラッキーかもしれない!!

あれ何の話してたっけ
ホク
ホク
忘れたならいいと思う

終

#18　我が道を行く

亀が部屋を散歩中
ガッ
ん？

ミニテーブル
あ〜そこ…甲羅が引っかかって通れないよ
回り込みな

ググッ
ガラガラガラガラ
ガタガタ
ガタガタ
おわわわわわわ!?
強っ!!すごいけど
そのまま来ないで!!

#19

全集中の温浴

本棚のカドに足をぶつけた人
ガリクッ
ぐ…
痛だぁぁぁぁぁぁ

はっ
か…亀ちゃん大きな声出してごめん…
びっくりしてこっちを心配してるかな…

#20　ミシシッピアカミミガメの飼育

#21

我が道で止まる

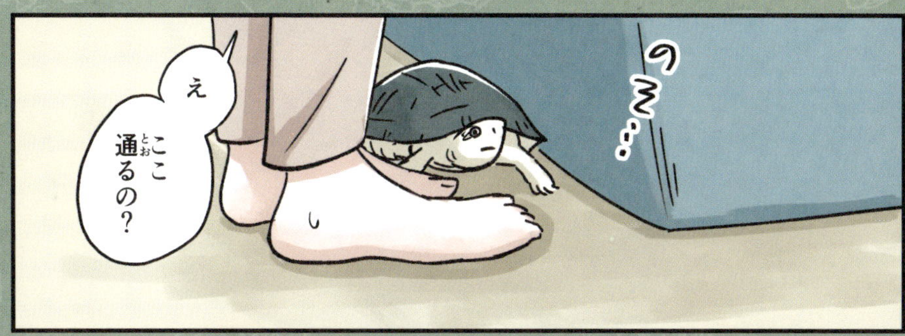

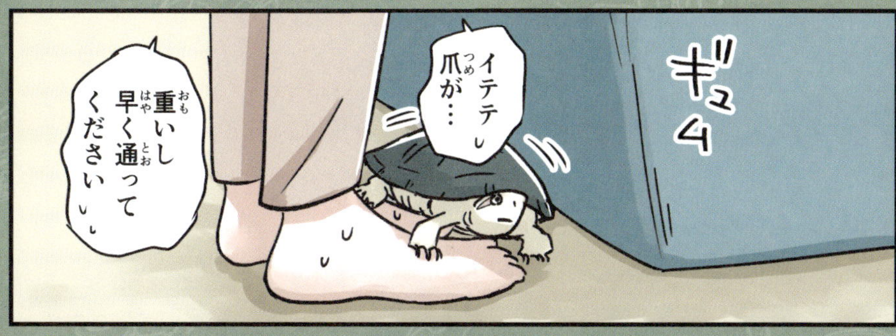

#22

坂

亀が陸場に登りやすいよう設置してる坂
…

ヌ…
えっ…いやあの坂を…

プルプル
プルプル
グッ…
坂を置いてるんですけど…

ボチャーン!!
使って…

複雑な気持ちのアカミミ飼い

#描き下ろしショート漫画

亀のおさわり一覧表

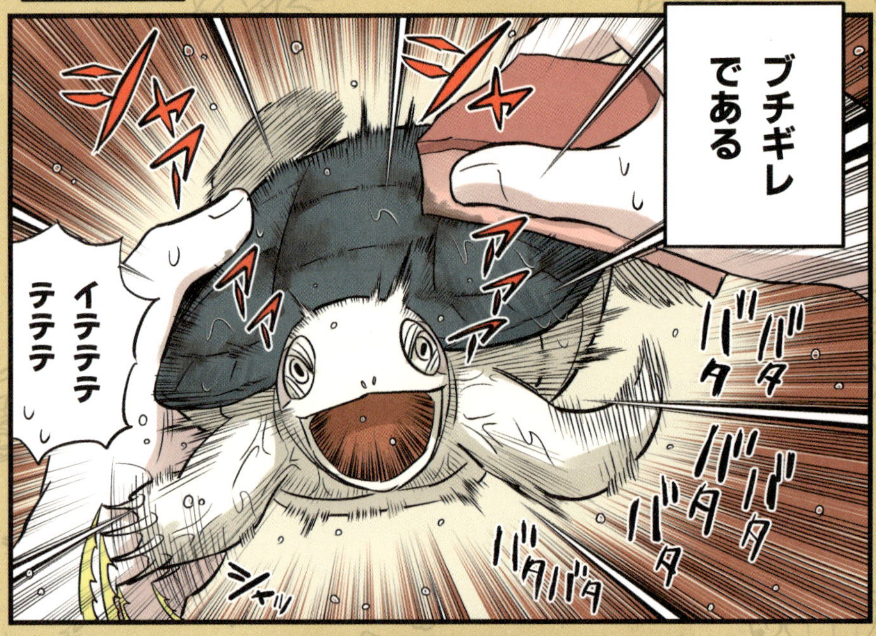

甲羅掃除の後……
綺麗になったね
お散歩どーぞ!
さっ

スポッ
ダッ
逃げんの早っ!!

…という感じでね
以前SNSに載せた「うちの亀のおさわり一覧表」はこうです
ブチコロス
殺す
下からなら気づかん
気づかん
甲羅ダメなんだ…

気づかん
足場と思えば気づかん
この「足場と思えば気づかん」ってのは?
あー

上や横から触ると嫌がるけど
亀の下に手を滑らせると大体気づかず乗ってくる…
のそ…
あ そういう…
あまり抵抗されないから持ち上げるのも簡単で…
すっ

結構おとなしく持ち上がる
スゥ…
ぼー……
※個体差あると思います
あんなにキレてたのに…！

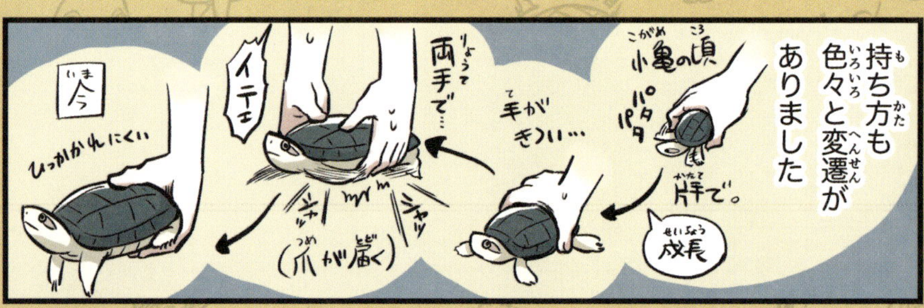

持ち方も色々と変遷がありました
小亀の頃
パタパタ
片手で。
成長
手がきつい…
両手で…
イテェ
ジャッ
(爪が届く)
今
ひっかかれにくい

個人的にケツから持つのが好き
なんで？
片手で持てて亀が動いても安定するのと…
ムニ

しれっと亀のケツを触れる♡
ムニ
やわらか～い♡
ムニ
…
変態か!!

#23

手伝い

#24

変温動物

#25

被写体

#26

冬の食欲

〜1日のエサやり 終〜

#27

踏ん張り

ここから先は掃除してないので通れません
バリケード
ゞ

ははは
そんなに踏ん張ってもムリムリ!
グッ…
プルプル
ガシッ

フーッフーッ
グイ
グイ
バタバタ

グリッ
アッ!?
プリッ

#28

亀との会話

#29

デカい水槽

ずっと思ってたんだけどさ
水槽デカくない？

ああ…どんどん大きな衣装ケースを求めるうちに風呂の浴槽より広い120Lのたらいを見つけちゃって
120Lのたらいって何だよ
水換えとかどうしてんの…？

排水はこれ
100均のホース付きポンプ
ここ押すと水を送れる
シュッ
シュッ

毎回30分踏んでます
シュッ…
シュッ…
シュ…
シュッ…

#30

気になる行方

サイフォンの原理

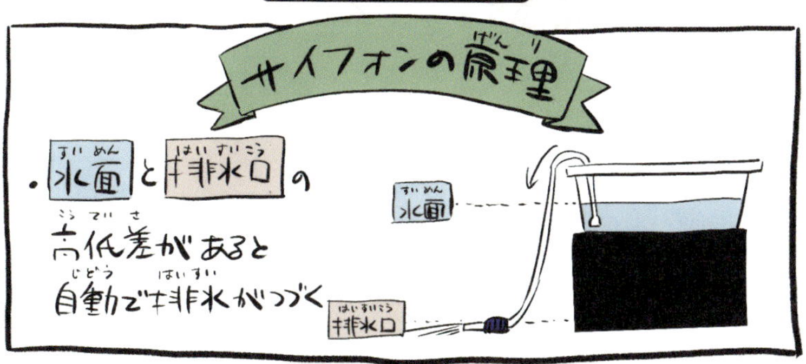
サイフォンの原理
・水面と排水口の
高低差があると
自動で排水がつづく
水面
排水口

科学を知っているとこういうところで楽ができるらしい
ほー
この家の水槽は？
ふっ…

なんたってアホが設置したからね
全っ然高低差ないのな
風呂場
排水口
水面

「そんなに押さなくてもできますよ」ってよくつっこまれたけどさ
30分踏まなきゃいけない理由はこれだよ
サイフォンしてない
偉そうに言うことじゃない

#描き下ろしショート漫画

冬の過ごし方色々

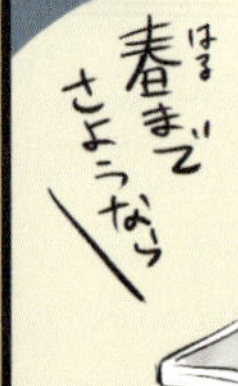

私も飼い始めの頃は冬眠させるもんだと思ってたけどさ
本とか見ると…
じっ…
カメのかいかた
子亀の冬眠はリスクが高く春になって死んでいたということもありますので気をつけましょう
えええ!?
えええ!?

それ以来成長しても冬眠させるのはちょっと怖くて…
結局冬も温かいところでぐでぐでな亀と過ごしている
ぐでぐで…

ぐで…
…
くしくし
…
くた…
ミ
ミ
…
ぴんっ
…

でろ〜ん
ZZZZZZZZZ
それにしてもひどくない!?

か…亀としてどうなんだコレ
み…皆こうだと思いたい…
水中ヒーター入れてた時も抱き枕みたいになってたし…
スヤァ
カバーつき

外の亀は寒い中冬眠してるのに…
冬の亀さんは過ごし方が多様で面白いよね
ちなみに冬眠させる場合は…

エサやりナシ水換えナシで自由みたいだよ
やることナシ!!
飼い主が
亀飼いも多様…!

#31 ごはんの時間

#32 不服(ふふく)

#33　ふれあいタイム

水換えで注水中
ジャー
よーし水がいっぱいになるまでふれあいだ！

ジャー
おいで！
亀ちゃん!!
ウロ ウロ

ジャー
ウロ ウロ

水入れ終わったか…
ウロ ウロ

#34

隙間が好き

そこは通れないんじゃない？
ガッ…
（水槽）
（空気清浄機）

ぐい
ゴリゴリ
そこまでして…

ドテッ
いけるんだ…

ヤ…
どんだけ好きなんだよ

#35 隙間が好き２

また入るのか…
ガタ
ガタ
隙間に…

スッ
入った
こっちから出てくんのかな…？
ガタガタ

ピタ…
止まった…
シーン…

パチリ…
…
出られないんじゃね…？

#36

負(ま)けない心(こころ)

#37

褒めて伸ばす

ググッ…
スタッ
おおっ!!

ズリズリ
パチ
パチ
やったぁ登れたじゃん!
思わず拍手
パチ
パチ

パチ
パチ
…
パチ
パチ
パチ
パチ
パチ
パチ

にゅっ
のびた!!
すごいドヤ顔…!!

#38

浮き島と成長

亀を買った時一緒に買った
浮き島
プカプカと水に浮く
わー！のってる!!かわいい～!!
小学生→

3年後
チャプ…

5年後
トプ…

10年後
トプン…
…
…！新しい陸場用意するね

羽亀

東京・亀戸にあるという、羽の生えた亀の像に衝撃を受けて描いた絵です。飛び方を考えてたら、いつの間にかジェットで飛ぶのも描いていたり…。なんだか天の使い感もありますね。

正面亀

亀の視線と同じ高さから亀を見ることはあまりなく、色々な角度の甲羅の形を描くのに毎回苦労しています。
でも、その度に観察して発見があり、楽しくもあります。

一番好きな時間

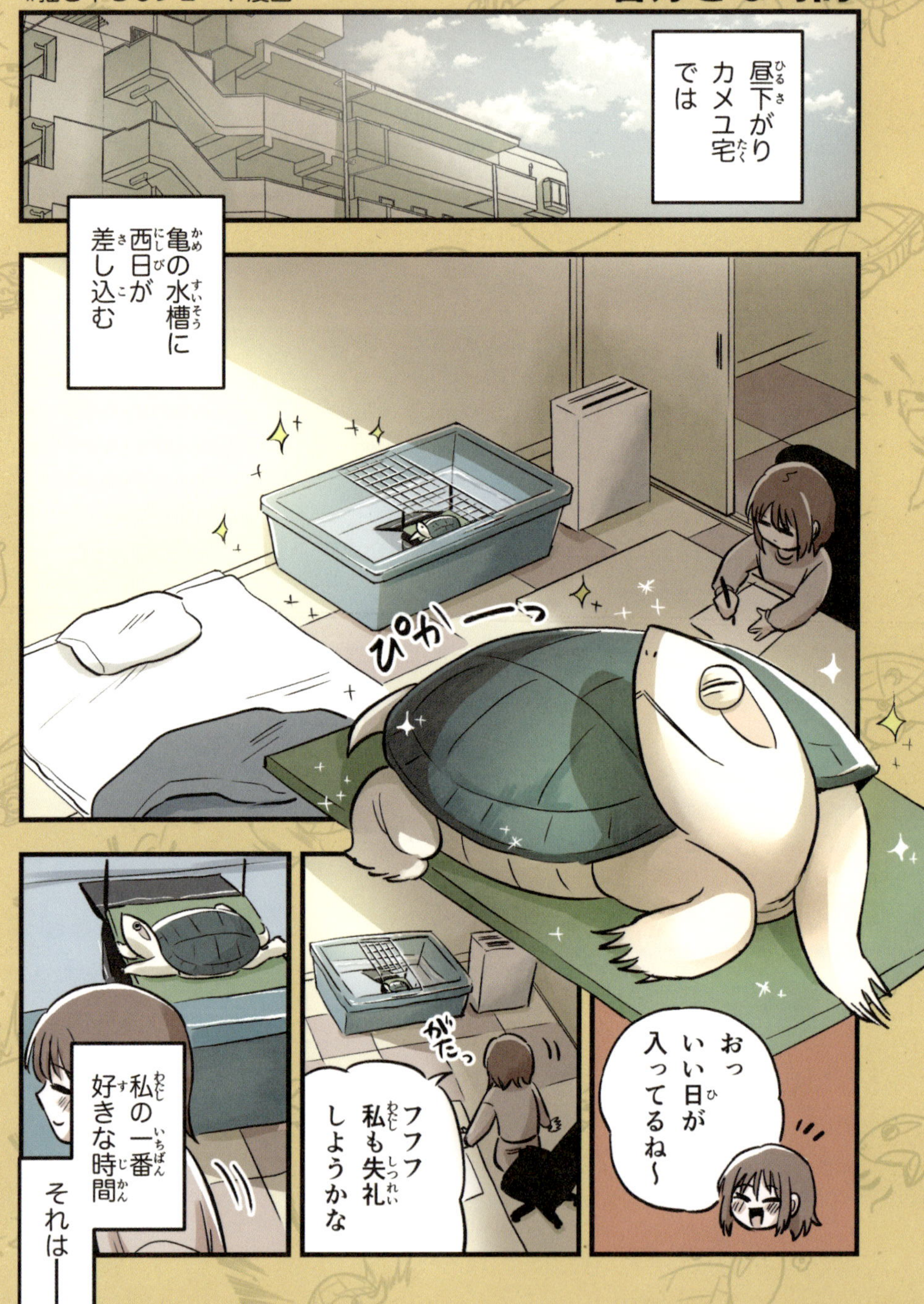
昼下がり
カメユ宅
では
亀の水槽に
西日が
差し込む
ぴかーっ
おっ
いい日が
入ってるね～
がたっ
フフフ
私も失礼
しようかな
私の一番
好きな時間
それは――

あったけぇ〜
亀と一緒にひなたぼっこする時間

ゴ〜…

ブロロロ…
…

…
ぼ〜…

時間がゆっくりだ……
ぼ〜…
…

亀ちゃん
いい天気だねぇ

すやぁ…
……
うと…うと…
……

…ま
いつまでも見せてくれよなその寝顔…

よしっ
仕事頑張るか…!!

そして6時間後…
ZZZZ
でろ～ん
いつまで寝てんだよ

#39　ピンチをチャンスに

#40

違いのわかる亀

最近あんまり配合飼料を食べないな…
エビと混ぜたら気づかず一緒に食べたりして
…

バクッ
エビはいつでも食べるんだよな…
エビ

パクッ
おっ
やった〜！配合飼料も食べた！
モグ…

……
くる…
なっ…何だその不満そうな顔は!!

#41 大物

あっ!!
え?
デカウンコ!!
え……

見て見て!!
いや…いいよ…
え!?
こんなに立派なのに!?レアだよ!?
何でそんなに見せたいんだよ

こういうのはすぐに取り除くんじゃないの?
そうだけどその前に…

パシャ
…記念に一枚
ええ…

#42

亀飼いの春

春だねぇ
桜も咲いてきたね

春って良いよね…
うん
色んな花が咲くし…
それもあるけど…

バリバリ
ボリボリ
バクバク
亀がめっちゃご飯食べるから…
好き…
そっちか…

#43

亀の口

亀ってあんの?歯とか
ないよ「クチバシ」だから

クチバシ!?

爪みたいな硬い皮膚でできてて…
ガシガシ
少しずつ伸びるらしくてたぶん自分で石とか噛んで手入れしてる
ほえー

だからその時その時で口元の印象違うんだよ
ほー
例えば最近はこうだけど…

1年前は前歯みたいなのがあった
出っ歯じゃん!!

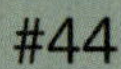
#44

散歩中の物音

ドテン
ん?
……
そびえ立つヨギボー←
あー……
登ろうとして
ひっくり返った
のか……

……
はぁ
よいしょ
こっちは水換えしてんだから
簡単にひっくり返らないでくれ
ヒョイ
……

ジャー
ス…

ドテン
あのさぁ

#45

天敵

はぁ…
掃除機かけるの気が重いな…
じー…
?
なんで?

どう気を遣っても亀を驚かせちゃって…
ブォオオォ
びくっ
ガダガタ

ふぅ
カチャ
ササッ
ごめんね終わったよー!!

……
出てこなくなるから…

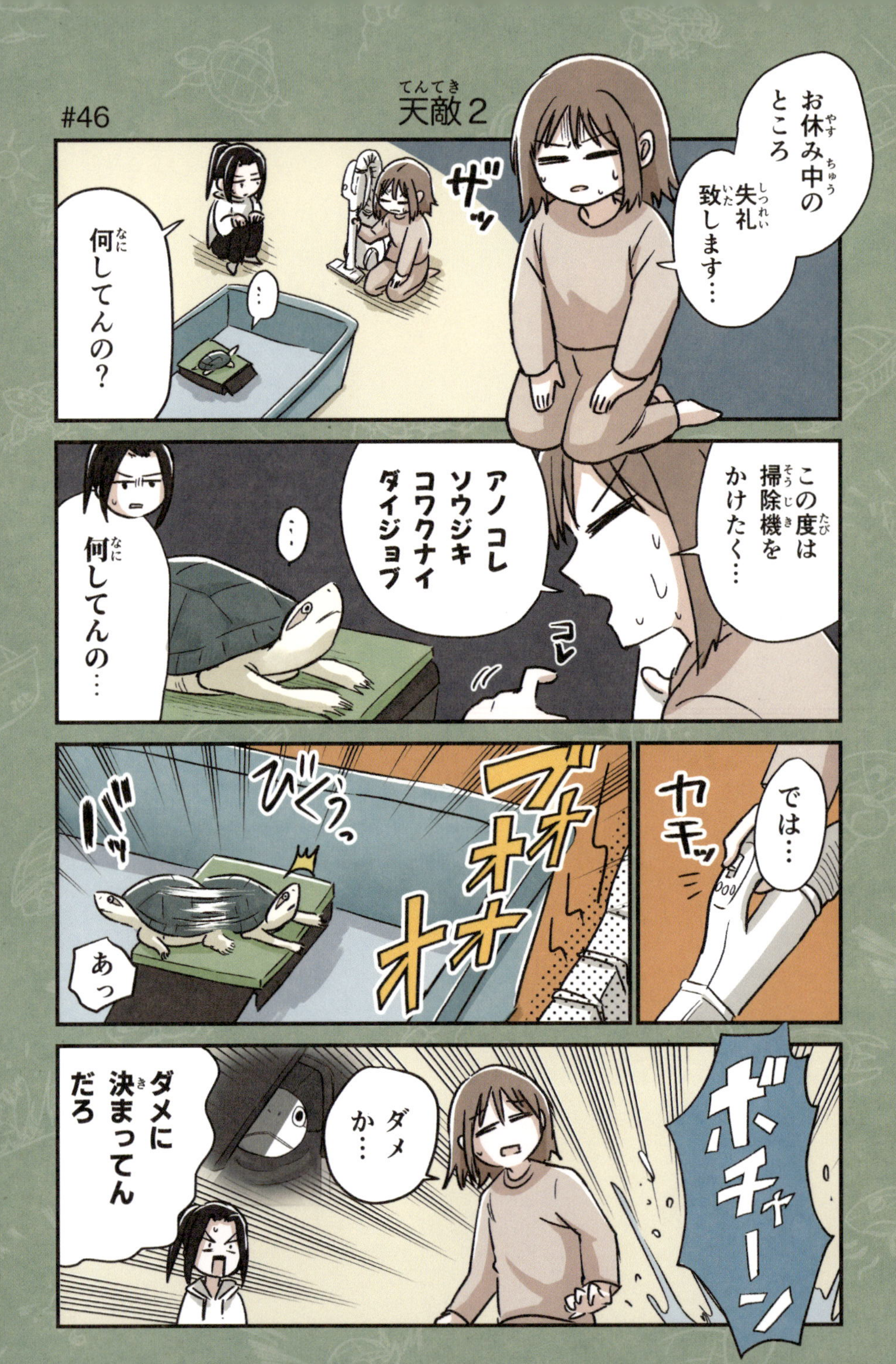
#46
天敵2
お休み中のところ失礼致します…
ザッ
何してんの？
…
この度は掃除機をかけたく…
コレ
アノコレソウジキコワクナイダイジョブ
…
何してんの…
では…
ヤモッ
ブオオオオ
びくっ
バッ
あっ
ボチャーン
ダメか…
ダメに決まってんだろ

POST CARD

料金受取人払郵便

小石川局承認

7741

差出有効期間
2025 年
6 月 30 日まで
(切手不要)

112-8790
127

東京都文京区千石 4-39-17

株式会社　産業編集センター

出版部　行

★この度はご購読をありがとうございました。
お預かりした個人情報は、今後の本作りの参考にさせていただきます。
お客様の個人情報は法律で定められている場合を除き、ご本人の同意を得ず第三者に提供することはありません。また、個人情報管理の業務委託はいたしません。詳細につきましては、「個人情報問合せ窓口」(TEL：03-5395-5311〈平日 10:00 ～ 17:00〉) にお問い合わせいただくか「個人情報の取り扱いについて」(http://www.shc.co.jp/company/privacy/) をご確認ください。

※上記ご確認いただき、ご承諾いただける方は下記にご記入の上、ご送付ください。

株式会社 産業編集センター　個人情報保護管理者

氏名（ふりがな）

(男・女／　　　歳)

ご住所　〒

TEL：

E-mail：

新刊情報を DM・メールなどでご案内してもよろしいですか？	□可　□不可
ご感想を広告などに使用してもよろしいですか？	□実名で可　□匿名で可　□不可

ご購入ありがとうございました。ぜひご意見をお聞かせください。

■ お買い上げいただいた本のタイトル

ご購入日：　　　年　　月　　日　　書店名：

■ 本書をどうやってお知りになりましたか？

□ 書店で実物を見て
□ 新聞・雑誌・ウェブサイト（媒体名　　　　　　　　　　　　）
□ テレビ・ラジオ（番組名　　　　　　　　　　　　）
□ その他（　　　　　　　　　　　　）

■ お買い求めの動機を教えてください（複数回答可）

□ タイトル　□ 著者　□ 帯　□ 装丁　□ テーマ　□ 内容　□ 広告・書評
□ その他（　　　　　　　　　　　　）

■ 本書へのご意見・ご感想をお聞かせください

■ よくご覧になる新聞、雑誌、ウェブサイト、テレビ、
よくお聞きになるラジオなどを教えてください

■ ご興味をお持ちのテーマや人物などを教えてください

ご記入ありがとうございました。

日光浴

ベランダからの日差しで日光浴中のひとコマ。
いい日差しが差し込む時はすごくニッコリしている気がするのですが…。
実際のご機嫌はわかりません。

デッパガメ

#43「亀の口」で描いた出っ歯の亀がちょっと楽しくて、飽き足らずまた描いてしまいました。
このシールのレア度は…キラキラしてる割にあんまり高くはなさそうです。

#描き下ろしショート漫画

亀の成長と水槽グッズ

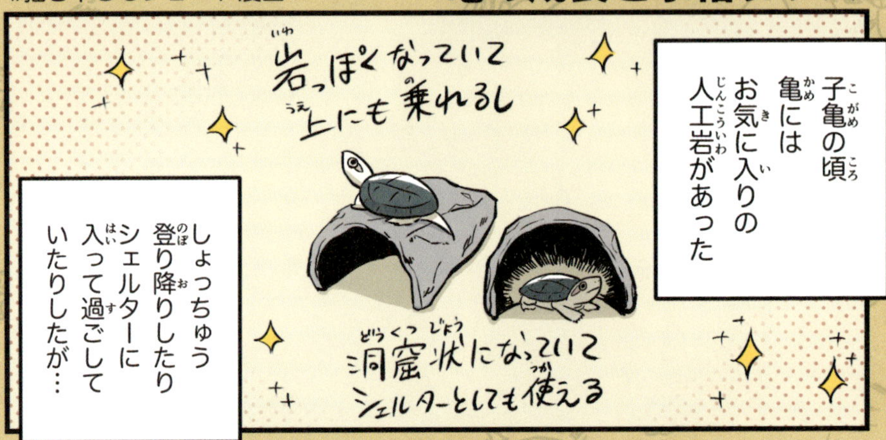

岩の形のシェルターはこれしかないですね……
アクアショップ
小さい…
その後お店やネットに大きい亀用のグッズがほぼないことを知る
（あっても高価な輸入品とか…）

そうして亀飼い達はレイアウトの工夫を始めるのであった
亀に使えるモンはねえが〜!?
ダッ
100円均一
ありがとう100均

同時にいろんな人の工夫を調べ始める
人工芝の使用率よ
石のお皿!?
陸場を吊るという発想!!
ありがとう亀ブロガーさんユーチューバーさんSNSに投稿してくれた方々

そうだメッシュパネルでシェルターと陸を組み立てられないか!?私の考えた最強のレイアウトだ!!
ガリガチャ
ガチャ
そして…

全て亀に壊されるのであった
プカ…
…
バラバラになってるぅうう!!

亀はパワーが強く警戒心もありなかなかあの岩の代わりになるものがなかった
全然使わねぇじゃん
…
のだが
ギャッ
これはどう?

ゴミ箱だけは入れた瞬間使ってくれた
スポッ
馴染むの早ァ!!
はっ…
暗く狭い洞窟状の形…似てたのか!?
亀の成長とともに理想のレイアウトを探求するのも楽しいです

#47

出現

#48

消失

まさかウンコの瞬間を見てしまうとは…
トタタ
フンはなる早で取りたい
なぜなら…

サッ
ウンコ取り用フォーク
ウンコ入れビン
なめこ
亀が自分で食べてしまうから
※亀的には大丈夫らしいが飼い主的になんかイヤ

えっ…
スイ～
無い…!?

まさか…
もう…!?
約10秒で亀の体内に戻っていた

#49 写真フォルダ

この前行ったイベントすごくてさー
へー
どんなの？写真とかあんの？
あっあるある

えーっと…
写真…
……

ススッ
5月3日(金)
スーッ

あれー？
亀しか出てこない

#50 それぞれの好み

池のある公園
あっ亀！
いとこ↓
…
たたっ
え？
あホントだ

かわいいよね～～～！
パシャ
パシャ
パシャ
うーんわたし…

毛がないのはあんまりなー
さーーっ
ネコ飼い→
……

毛かぁ…
つるっ
チャプン…

#51 位置

あれ
いつの間にか
乗ってるけど…

なんか
中途半端だな
ぶら〜ん
…
もうちょっと前に
進んだほうが
いいんじゃない？

のびん
…
そこでいい
んだ…
スッ
ズリ…

ズル
ボチャン!!
あっ…

#52

亀飼いの夏

夏だねぇ
最近暑いよね
春だねぇ
ちょっと前まで春だねって話してたのに

そういえば亀の食欲もどんどん増えてきて
だんだんムチムチしてくる季節だね
ムチムチ…？

ほら食べる季節はちょっと太るじゃん？
やせ
・ハミ肉少ない
ほどよい
・手足しまえる
・ちょっとのハミ肉
ひまん
・ハミ肉で手足しまえない
か…亀にもデブがあるのか…

SNS上の亀さんたちも全体的にムチムチしてる気がして…
※イメージです
ミチッ
ヌッ
ムニッ
夏だなって
どこで季節感じてんだよ

#53

恐怖体験

最近夜な夜な変な音が聞こえてさー
ギー…ギー…って…
え…!?

なんかこう…尖ったモノを擦ってるみたいな音で…
ギッ…
ギー…
ギー…
えっやだ怖いんだけど

一人で部屋を見回るのも嫌でさ…
ギー…
ギッ
ギギー…
とりあえず亀を見て安心しようと思ったの
そしたら

石を擦って遊んでたんだよね
ギ…
ギー…
亀が

54

聞き手

亀ちゃん聞いて聞いて!
今日はめずらしい出会いがあってさ!!
スィー

さっき散歩に行ったらね
リクガメを日光浴させてる人がいたよ!
スイー

リクガメさんわかる?大きいんだよ!
意外と近くに飼ってる人がいるんだなって
スィー

ねえ聞い…
ウンコのカス食べないで!!
モグ

我が家の亀の表情集

亀にも表情はある…よね!? という思いで作りました。どうでしょうか…？
「悲しみ」は温かいライトを消された直後の顔、
「照れる」は見つめてたら引っ込んでいっちゃった時、
「驚く」は中途半端に陸に上がっていてバランスを崩し、落ちていった時…。
色々な思い出と共にあります。

#描き下ろしショート漫画

ひっくり返りの攻防

飼い主としては
助けた方がいいかな…？
という気持ちと
横着するんじゃないよ
という気持ちが攻防し…
攻めに出る
くる
…
今日は手伝わないよ一人で頑張りな
ぐっ
くるん
ぐっ
くる
ぐっ
くる
ん…？

くるくるくるくるくるくる
くるるる…
る…
亀ちゃーーん!?

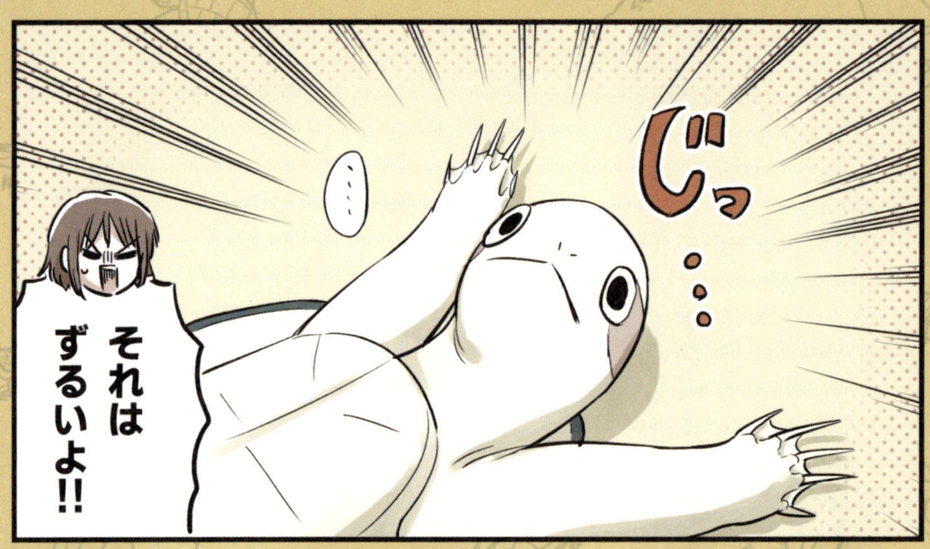
じっ…
…
それはずるいよ!!

即負けた
起きられないの!?
ガコ
そんな事ないよね!?
…

もう起こさないからね!
そこは登れないってわかったでしょ?
…
のそ…

そして攻防は続く…

#55 負けました

ゴテン
あ…

いや自分で起きなよ！
できるの知ってるんだからね！
じ…
…

…
そんなに見つめてもだめだよ!!
あのねぇせめて起きようとするそぶりくらい…
じっ…
…

ピュ
ーッ
うおぉぉあああぁ

#56

夏の亀

冬の亀は
とても冷たいので
足に乗せると結構
寒かった

しかし
夏は――

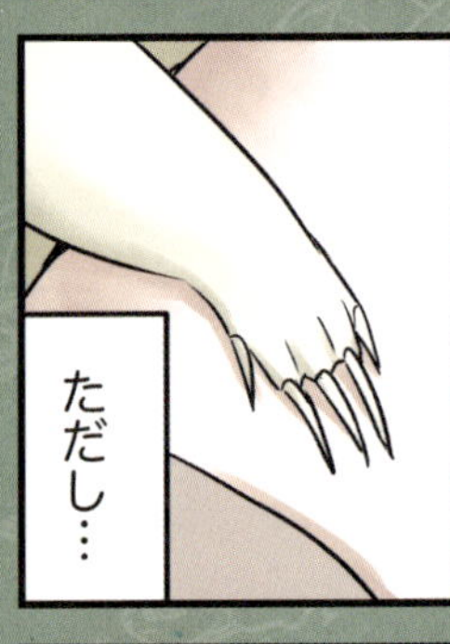

#57

持ち方

たまに至近距離で亀を観察する
よっと
!
ひょい

ん〜
パタ
パタ
パタ
フー
フー
届かない手足

鼻息も元気そうだな
フー
スー
ブンブン

肉付きも良いカンジ
パタ
…
パタ

へ〜模様ってそうなってるんだぁ
じー
だらん
……
あきらめ。

#58　シルエット

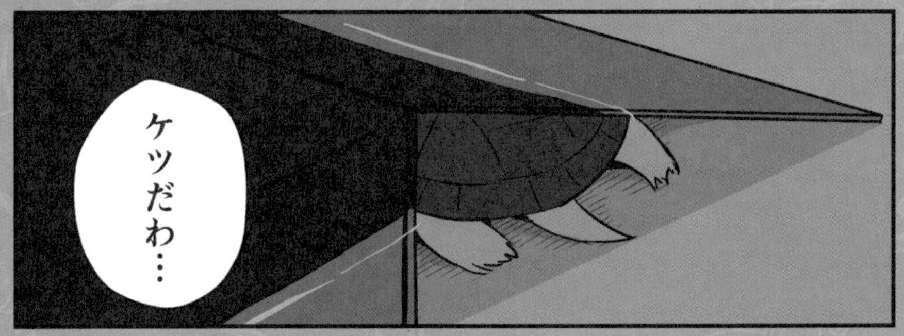

#59

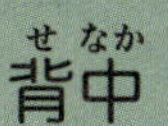

#60 石の板

ズリ…
お坂道登ってる

時々ちゃんとスロープとして使ってくれるんだよね
よかったじゃん
ズリズリ
あの石の板？
ああいうグッズどこで買ってくるの？

ダイソーだよ
200円だけど
えっそんなのも売ってんの
…いやまあ本来の用途は

「映え」用のお皿だけどね

#61　雷がすごかった日

ピシャアッ
わっ
ゴロ
ゴロ
ゴロ
振動を感じるレベルの雷…

亀も落ち着かないんじゃ…
ゴロゴロ
ゴロゴロ

ピシャアアッ
チャプン
え…

……
Z
Z
Z
マジかこいつ…

#62

亀の爪

ミシシッピアカミミガメのオスは爪が長い
プルプルプルプル
メス
これは求愛の時に爪を震わせてアピールするためである

ただし単独飼育の場合は…
カタタタ…
あ求愛してる音だ
爪がぶつかる音

カタタタタタ
おーやってるやってる
…ただ亀ちゃんそれ……

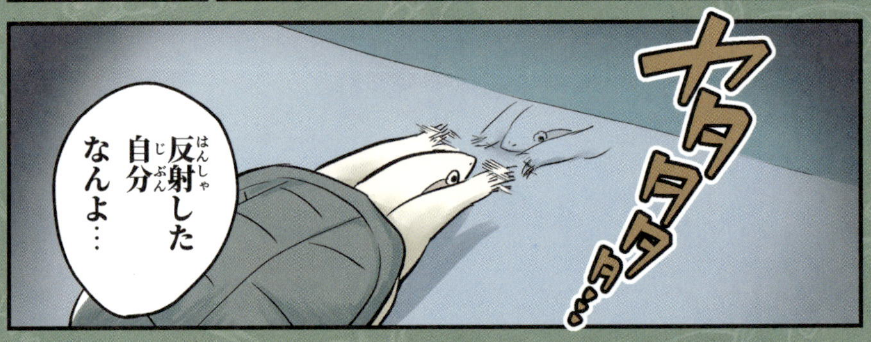
カタタタタ…
反射した自分なんよ…

起こして

ひっくり返った亀が、チラチラ見てくる絵です。
一度視線を向けると、絵を見終わるまでの数秒の間にものすごくチラチラ見てきます。

亀の肖像画風

お金持ちの亀飼いの家にありそうな？ 絵。
亀を観察すると、ゴツゴツの甲羅、ツルツルの頭、きゅるっとした瞳、ざらざらの手、そして二つとはない模様…。難しかったけど、色んな質感に挑戦できて楽しかったです。

#描き下ろしショート漫画

動物病院にお世話になった話

ワン
ワン
ニャー
ニャー
ニャー
ニャー
………
チラ…
チラ…
バケツに亀
カイロ

幸い大事に至らず
薬浴用の薬と飲み薬をもらって終了
薬の飲ませ方なんですが

亀さんは首が引っ込むと飲ませづらいのでコツを伝えますね
ギュム
はっ…
確かに!!
まず後ろ足を押し込みます
…
え

すると前足と頭がちょっと出ます
ムニュ
ビョッ
!?

あれから10年以上経ち「和也」は今も元気です

獣医さんありがとう

亀が先か俺が先か…

そして亀を買って治療費も払ってくれたお父さんありがとう

みんな長生きしてください

#63 飼い主は見られている

#64

来る

やっほー亀ちゃん！
ひょっ

すい～
おっ来た来た！

あらあら立ってまで！
ぱたぱた
今日はこんなに近づいてくれるの？
めっちゃかわい～
つるっ

ドボン
ビチャアッ

#65

狙い

#66

地震の察知

亀ってさ地震の前触れを察知するとか言わない？
あー子供の時信じてたなぁ

ただまあ…
人と共にゆれに気づき…
ゆ
ちょっとゆれてる
じ〜
…
ゆらしたの私じゃないよ!!
チャプ
チャプ

人と共にあわてふためく思い出…
グラグラ
あわあわ
あわあわ
でかい!
……
あわ
バシャー

たぶんない
ないんだ…
だから亀と慌てふためいて死なないよう備えを確認したい…
現実的…

#67 飼い主の1日・亀の1日

#68

亀の恐怖

亀が毎回怖がるもの
風呂上がりの飼い主(の頭)
ホカホカ

ス…
びくっ
ピャッ
ええ…

ちら…

…

移動してない
びくうっ
ピャッ!!
なんで

#69　ふれあいたい

ふれあい終

#70

求愛の末に

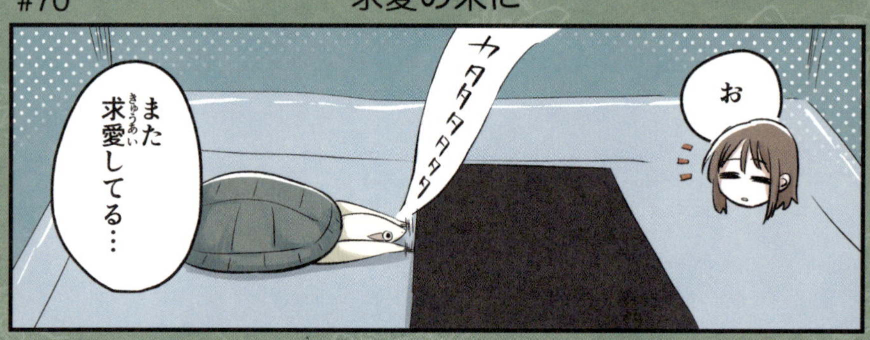
お
カタタタタタタ
また求愛してる…

今度のお相手は石の板か…
カタタタタタタタ
永遠に反応ないけど…

ぴた…
じ〜…
反応を窺っている

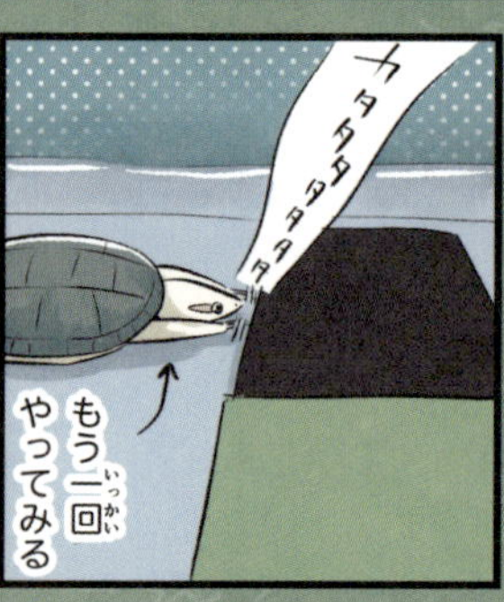
カタタタタタ
もう一回やってみる

しーん…
じぃ…
……

カプッ!!
キレた!!

亀との日向ぼっこ

何度も描いてしまうくらい、私は日向ぼっこの時間が好きなようです。ただ、実際の亀はそんなにじっとしていることはなく、すぐに部屋の探検に向かってしまいますが…。
でも、絵ならその時間をしまっておけますね。

新たなコミュニケーション
#描き下ろしショート漫画
おやつのエビを…
手からあげてみたい!!
パクッ

今までは亀に噛まれないか心配で
水面にエビを落としていたのだが…
ポト
バクバクバクバク
手からあげると人に慣れると聞く…
試してみたい!!

亀ちゃんエビだよ!
ばっ
!
どきどきどき
ババッ
うおっ

あ～ん
え…?
遠いよ!!
亀もビビっていた

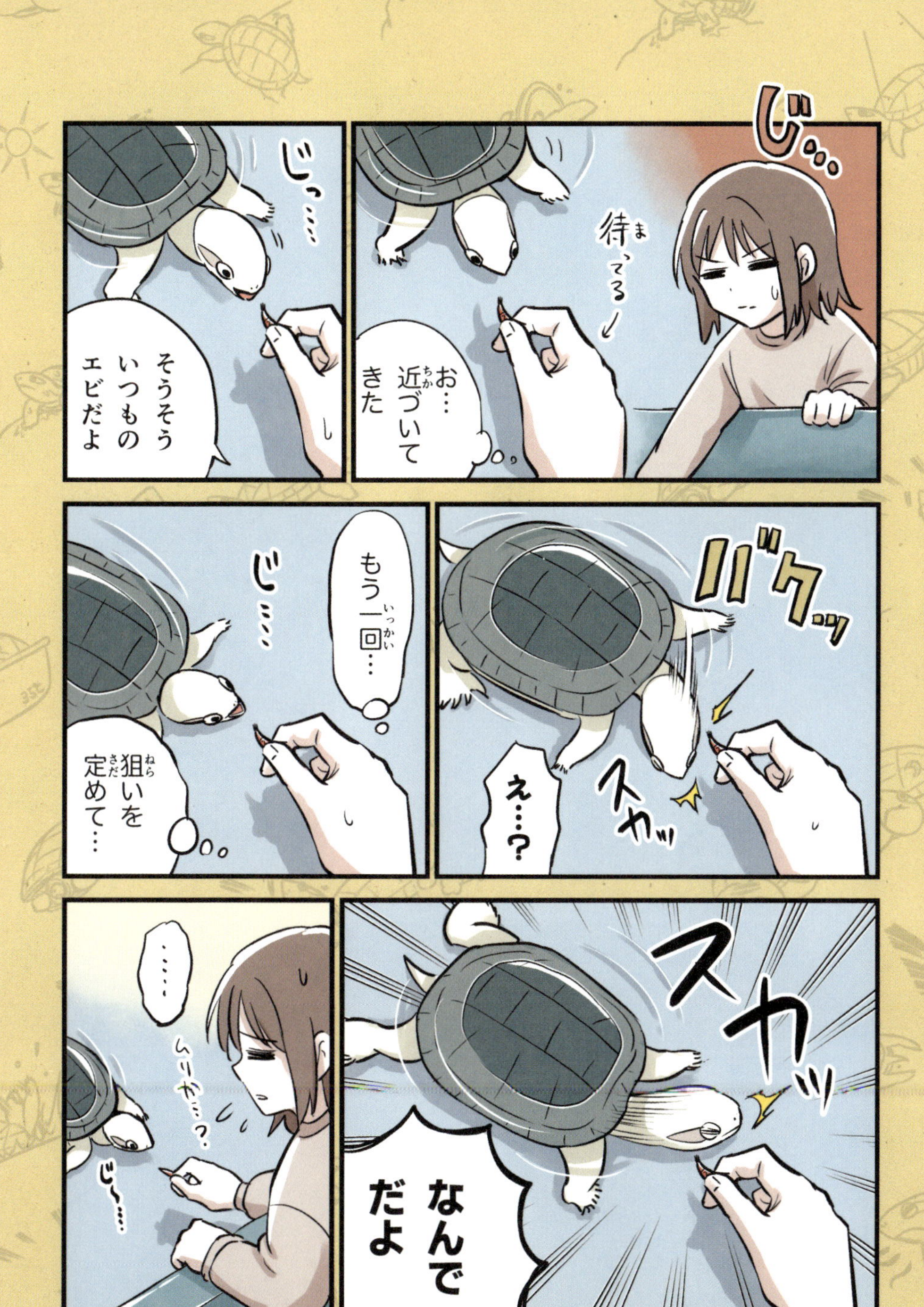
じ…
待ってる
お…近づいてきた
じっ…
そうそういつものエビだよ
バクッ
スカッ
え…？
じ…
もう一回…
狙いを定めて…
スカッ
なんでだよ
……
ムリか…？
じ〜…

※そこまで痛くはなかったですが、思い切り噛む亀さんもいると思います。
狙うのがヘタなのでおすすめはできないです。が…うまくいくとかわいい。

#71

鼻息

亀が水面から顔を出していた時の鼻息
エビだよー
!

バシャバシャ
ブォッ
フーッ
フーッ
風が強い…

亀が水中にいた時の鼻息
エビだよー
!

ジャバ
ビュッ!!!
うおっ

#72 鼻息と興奮

!!
興奮
亀ちゃんエビだよ〜

だっ
パクッ
ビュッ
スイ〜
あっ…
鼻息で押しちゃってる…

…
スイー
そうそうゆっくり近づいて…

バクッ
ビュッ
亀ちゃん…

#73　皮

えっ!?
スィ〜
亀の何か取れてない!?

あー脱皮だね
脱皮!?
ジャバッ
甲羅のつなぎ目で1枚ずつ取れるんだよ
そーなの!?
※ミシシッピアカミミガメの場合

それに見てみて!!去年のと重ねるとさ…
新しい方が2ミリくらい大きいんだよ!!もう19年目になるのにまだ成長するんだなって…
いや…なんで去年の皮持ってんの!?

……
…洗って……コレクションしてる……
ドン引き…

#74　ジャリジャリバリバリ

#75 急な温度差があった週

#76　はむはむ

亀ちゃんご飯だよ〜
ぱくっ
スィ〜
パラパラ

はむはむ
口の中で一生懸命噛んでる
かわいい…

ぱくっ
はむはむ

ぼろ…
ほとんどこぼしてるけど…

#77　好きなだけ

#78-1 好きな瞬間

亀はしばしば同じ方向にずっと泳いだりする
ポチャポチャ
カチャカチャ
ウンコとか食べカス

ポチャポチャ
チャプチャプ
スイ～
スー…

30分後
ポチャポチャ
チャプチャプ
勝手に汚れが集まる

ウフフ…
うっきうっき
?
ささっ

そっ…
ギューム

#78-2

#79 吸いたい汚れ

おっ
また汚れを
吸えそう
だな
うっきうっき
ピチャピチャ
ポチャポチャ

ガチャガチャ
準備してる
ガタタ
えっ
あ
ちょ…
なんで急に
こっちに…
ガタガタ
待って
今はやめ…
あああ
ぶわあああ
スイー
あああ

ガタタ
あっ
何しに
来たんだよぉおお

あああ
…

亀のいる生活

パクッ
パクッ
パクッ

もぐ
もぐもぐ

ザリッ
ザリッ…
カチャ

あ
ベスポジを決めている
ザリッ
ザリッ
ザリッ
ザリッ
乗ってる…

坂道使ってくれたんだ?
今日は乗りたい日なんだね〜?
…

…
パチ…

…
しーーん

亀には基本無視されている
飼ってるけど全然馴れ合う感じじゃないし
何を考えてるのかわからないし
カキ カキ カキ カキ
Z Z Z Z Z Z
それぞれのペースで生活しているだけ
Z Z Z Z Z
カタン
でも
じ…
ふあ
あぁ～ああ
あ…

あっ あくび!!
ファーアァァァ
たまに何かを共有してるのかもしれない

亀のいる生活はのんびり続く
えへへ あくびが揃ったねぇ〜!?
ねぇ!?
スヤ…
寝るの早っ!!

よるの落書き

大きな大好物を持っていけば、どこでも好きなところへ連れていってくれそうです。
ただし、亀のペースで。

ここまでお読みいただき、本当にありがとうございました。少しでも、亀っていいな、とかご自分の近くにいる・いた亀さんを重ねて読んで、楽しんでいただけていたら本望です。

カメユ

カメユ（X: kameyu28）
東京都出身。漫画家・イラストレーター。
2006年からミシシッピアカミミガメ2匹を実家で飼いはじめる。
2020年、1人暮らしを始めて亀のいない生活をおくる。
2022年、寂しさに耐えかね、実家の亀を1匹連れてくる。溺愛。
2023年11月より、SNSで亀飼い4コマを投稿開始。

亀に無視され続けています

2025年2月14日　第1刷発行

著者／カメユ
デザイン／篠田 直樹（bright light）
DTP／株式会社のほん
編集／松本貴子（産業編集センター）

発行／株式会社産業編集センター
〒112-0011　東京都文京区千石4丁目39番17号
TEL 03-5395-6133　FAX 03-5395-5320

印刷・製本／萩原印刷株式会社

ISBN978-4-86311-432-6　C0095